REMARQUES

SUR

L'HORTICULTURE

DE QUELQUES PARTIES DE L'EUROPE

Par H. LECOQ,

PROFESSEUR D'HISTOIRE NATURELLE DE LA VILLE DE CLERMONT-FERRAND.

CLERMONT-FERRAND,
TYPOGRAPHIE DE PEROL, RUE BARBANÇON, 2.
1847.

REMARQUES

SUR

L'HORTICULTURE

DE QUELQUES PARTIES DE L'EUROPE

PAR H. LECOQ,

PROFESSEUR D'HISTOIRE NATURELLE DE LA VILLE DE CLERMONT-FERRAND.

VENISE.

Après avoir traversé les riants paysages de la Suisse et les belles campagnes de la Lombardie, j'arrivai à Venise lorsque les *Statice* et les *Aster* couvraient de leurs fleurs violettes toutes les langues de terre qui séparent les lagunes; mais c'est à 4 kilomètres de cette végétation que se trouve la ville située, comme on sait, au milieu des eaux.

On est étonné d'y voir une véritable profusion de fleurs et de fruits. Les boutiques de fleuristes sont nombreuses et toujours bien remplies. Elles le sont en général par des fleurs que l'on n'oserait en France introduire dans un bouquet. Ce sont de mauvais Zinnia, des Dalhias simples ou semi-doubles, des OEillets presque sauvages, quelques Verveines et jusqu'à des Tagètes et des Reines-Marguerites si peu méritantes, que nous serions très-empressés d'en débarrasser nos parterres. On

1849

fait avec ces misérables fleurs , rassemblées au milieu de quelques branches de Basilic et de quelques feuilles de *Pelargonium* à odeur de rose , de petits bouquets que de jolies fleuristes vous imposent sous les arcades de la place Saint-Marc.

Les dimanches et les jours de fête , vous voyez chaque marchand de fleurs faire son exposition sur une étagère placée devant sa porte. Quarante à cinquante carafes contiennent des fleurs coupées semblables à celles que je viens de citer; puis, au milieu de tout cela , une jolie couronne , un immense bouquet, un chiffre ou un emblême , quelquefois un tableau tout entier délicieusement composé. On ne conçoit pas qu'avec de si faibles ressources, on puisse arriver à un tel résultat. Ce sont des mosaïques végétales, des grecques, des guirlandes, des faisceaux , des tapis où le goût supplée à la richesse, et le coloris à la perfection des formes. Si les fleurs n'ont rien de remarquable, il n'en est pas de même des fruits. Pendant tout le mois de septembre, les magasins des fruitiers étaient complétement ornés. On voyait dès l'aurore de nombreuses gondoles qui, de tous les points du rivage , et parfois même de l'autre bord de l'Adriatique, entraient à Venise chargées d'énormes corbeilles. Les fruits y sont arrangés comme les fleurs d'un bouquet. Là les Pêches roses et veloutées qui s'élèvent en pyramides régulières, là les Raisins de différentes couleurs groupés en couronnes superposées; ailleurs, des Azeroles d'un rouge éclatant, des Poires et des Pommes variées, des Tomates et des Grenades. Ces gondoles cheminent lentement sans la moindre secousse, et arrivent à leur destination. Les corbeilles sont alors placées sur plusieurs rangs, où les Tomates et les Azeroles sont entremêlées pour augmenter l'éclat des autres fruits. Le devant est garni de nombreuses variétés de figues, et les Pastèques forment la perspective. Le fond de la boutique est ordinairement tapissé de Lauriers ou d'arbres verts formant un épais massif entr'ouvert en un point pour laisser voir la madone qui attire les chalands vers un si bel étalage. C'est ainsi que Venise, élevée sur la vase des lagunes, reçoit chaque matin le tribut des rivages de l'Adriatique. L'horticulture est dans ces contrées une source très-considérable de richesses.

De nombreuses barques arrivent aussi chargées de Pastèques et de Courges sucrées dont le peuple fait un si grand usage.

La vente de ces fruits occupe un grand nombre d'individus. On voit étalés partout les Pastèques ou Melons d'eau, désignés dans le pays sous le nom de *Cocomères*. Ils sont volumineux, d'un beau vert, avec la chair d'un rose tendre et les graines brunes. Le véritable marchand de Cocomères se pose sur une place publique ou sur le quai des Esclavons. Il partage un de ses fruits en tranches de 1 à 2 centimes. Il sait attirer son public par l'art avec lequel il découpe un Pastèque. Il grimace, se lèche les doigts, et annonce du geste et de la voix le suc, la couleur, le parfum, la délicatesse du fruit qu'il vient d'entamer, et qui est toujours le meilleur de tous ceux qu'il a ouverts et de tous ceux qu'il possède encore ; mais dès qu'il est vendu et qu'il en prend un autre, il s'est trompé sur le précédent ; celui-ci est encore meilleur, il est incomparable, délicieux, extraordinaire et hors ligne ; et tel marchand qui, depuis vingt ans, vend des tranches de Pastèques, parvient encore à prouver, en combinant les divers superlatifs de la langue italienne, que celui qu'il ouvre en ce moment est supérieur à tous ceux qui lui ont passé par les mains.

Le plus impitoyable concurrent du marchand de Cocomères est Polichinel qui, n'ayant pas la permission de tuer ni de pendre un commissaire autrichien, se venge sur le malheureux chat autorisé par la police, et par une volubilité de paroles qui détourne les passants et les enlève un instant à l'apologie du Pastèque. Un Melon ou une marionnette assurent ici l'existence de l'improvisateur.

Rien de semblable n'a lieu pour les courges sucrées que l'on promène aussi dans les rues. Deux espèces, dont l'une longue appelée *Succo-zanta*, et l'autre aplatie, connue sous le nom de *Barruch*, donnent lieu à des ventes considérables. Elles se débitent par tranches rôties au four, et réellement appétissantes, au prix de 1 à 5 centimes. Le peuple fait une consommation prodigieuse de ces fruits ; et quoique nos confiseurs d'Auvergne assurent que l'on ne pourrrait transformer en pâte la chair des Citrouilles et des Potirons (essai que probablement ils n'ont jamais tenté), ceux de Venise vendent naïvement la pâte de Courge, sans avoir la prétention d'y mêler de l'Abricot.

Venise offre dans une de ses îles, et près du débarcadère du chemin de fer, un jardin de botanique confié aux soins intelligents de M. Joseph Ruchinger. Ce jardin a été créé par un décret du 23 avril 1810, et est arrivé lentement et par degrés à l'état prospère qu'il présente aujourd'hui ; car un inventaire fait le 2 avril 1818 portait seulement à 581 le nombre des plantes que l'on y cultivait. En 1827, il était de 2,000, de 2,600 en 1839, de 3,200 en 1842, et maintenant, par le zèle de M Ruchinger, ce nombre atteint 5,000.

Le jardin forme un carré long de 18,672 mètres de superficie, et il est flanqué de deux canaux d'eau salée et très-rapproché des lagunes Dès que l'on creuse à un mètre de profondeur, on trouve l'eau saumâtre, et si ce terrain, riche d'ailleurs en détritus, convient à quelques plantes, il en est d'autres, et de ce nombre sont celles à racines pivotantes, auxquelles il est essentiellement nuisible. Bien plus : il est des espèces que l'on ne peut cultiver à Venise, même en pots, à cause de la proximité des lagunes et de l'air chargé de particules salines qui enveloppe cette localité.

On voit dans ce jardin plusieurs plantes qui méritent de fixer l'attention, soit par leur rareté, soit plutôt par leur grand développement, leur belle culture, et la facilité avec laquelle elles fleurissent et fructifient.

De ce nombre est un magnifique *Yucca aloefolia*, âgé de 30 ans, et livré depuis 28 ans à la pleine terre, sans abri, le long d'une muraille, à l'exposition du sudouest.

Il a six mètres de hauteur, se subdivise en dix branches, et donne chaque année de nombreuses panicules de fleurs qui toujours mûrissent leurs fruits.

Dans le petit parterre situé près de l'entrée du jardin, on voit une jolie enceinte de *Thuya occidentalis*, dont la hauteur est de 1^m60, et de laquelle s'élèvent douze pyramides de la plus grande régularité. Près de là est une autre palissade entièrement formée de *Laurus nobilis* et de la hauteur de 2 mètres ; puis une autre en If de la hauteur de $1^m 50$.

Là existent plusieurs arbres remarquables par leur vigoureuse végétation : un *Platanus orientalis*, de 18 mètres ; un *Broussonetia papyrifera*, de 15 mètres ; un *Gleditzia triacanthos*, de 18 mètres ; un *Ailanthus glandulosus*, de 15 mètres, et un superbe *Melia azedurach*, de 10 mètres.

Du grand massif formé par ces beaux arbres étrangers, on arrive en face des serres devant lesquelles sont rassemblées et cultivées, les unes en pleine terre et les autres en vases, un grand nombre de plantes de la famille des Cactées.

Plusieurs de ces plantes méritent une mention toute particulière, et je ne sais réellement si, dans leur pays natal, elles sont mieux portantes et plus développées.

Je remarquai surtout un *Cereus nycticalus*, haut de 4 mètres et âgé seulement de 7 ans ; un *Cereus setaceus*, de $3^m,45$ et ayant 5 ans ; un *Cereus serpentinus*, de 8 ans, atteignant déjà 5 mètres ; un *Cereus ramosus*, âgé de 6 ans et haut de $3^m,25$, et un *Cereus triangularis*, de 11 ans, élevé de $4^m,50$. Ceux qui s'adonnent à la culture des plantes grasses savent que les *Cereus* poussent quelquefois très-vîte, mais il est rare cependant qu'ils atteignent de telles dimensions en si peu de temps.

Cet excès de végétation tient au mode de culture employé par M. Ruchinger. Il traite ces plantes comme nous le faisons pour les Dahlias : une terre très-fumée et beaucoup d'eau. Cela, joint à l'atmosphère humide et maritime qui enveloppe Venise, suffit pour expliquer cette luxuriante végétation.

Les *Opuntia*, traités de la même manière, sont plus curieux encore que les *Cereus* ; car je ne pense pas qu'il existe en Europe un plus grand individu d'*O. brasiliensis* que celui qui existe en caisse devant la grande serre du jardin. Il est âgé de 32 ans. Son tronc, entièrement épineux, a 7 mètres de hauteur et 50 centimètres de circonférence. Il est légèrement conique et terminé par une tête arrondie formée de nombreuses raquettes épineuses. Le port de cette plante est on ne peut plus étrange. Elle ressemble à un grand arbre sans feuilles, à rameaux aplatis qui, chaque année, se couvrent de fruits. D'autres *Opuntia* formaient près de là d'énormes buissons. On y distinguait un *O. crassa*, haut de 1ᵐ,60 et âgé de 6 ans; un *O. cylindrica*, de 10 ans et de 3ᵐ,75; un *O. dejecta* de 4 ans, élevé de 1ᵐ,50; un *O. picolominea*, de 6 ans et de 1ᵐ,75; un *O. spinosissima*, de 20 ans et de 3ᵐ,30 de hauteur, et un *O. undulata*, de 6 ans et de 1ᵐ,50. Les belles épines dont la plupart de ces plantes sont armées et les fleurs larges et nombreuses qui se succèdent sur leurs disques articulés, en font des objets du plus grand intérêt pour les botanistes et les horticulteurs.

On voit aussi, dans ce jardin, deux *Ginko biloba* des deux sexes et d'environ 15 mètres de hauteur, et deux *Juniperus virginiana*, en forme de pyramide arrondie, atteignant 6 mètres d'élévation. Plusieurs massifs contiennent de nombreuses espèces arborescentes, les unes à feuilles caduques, les autres à feuilles persistantes, et conduisent à des plates-bandes circulaires où les plantes forment une école de botanique rangée d'après le système de Linné. Un autre espace contient les plantes médicinales. Ailleurs, on trouve celles qui sont employées dans les arts, puis les espèces vénéneuses.

De l'école et de ces carrés de plantes industrielles et médicinales, on arrive à un autre massif dominé par un *Populus alba*, à peine âgé de 32 ans et dépassant déjà 22 mètres. La vase des lagunes, constamment imbibée d'eau et dans laquelle plongent certainement les profondes racines de cet arbre, peut expliquer jusqu'à un certain point cette activité de développement.

On rencontre plus loin et l'on traverse une sorte de souterrain construit avec les matériaux provenant de la démolition du couvent dont le jardin a usurpé la place; puis on passe sur un canal qui donne entrée à l'eau des lagunes, nécessaire à la culture de plusieurs plantes marines. On peut alors atteindre un monticule arrondi et boisé, construit avec d'anciens décombres et offrant un magnifique point de vue. De là on aperçoit une grande partie des lagunes et leurs rives dentelées, l'embarcadère du chemin de fer, et à l'horizon, les monts Euganéens, derrière le nouveau pont qui fait communiquer Venise à la terre ferme.

De ce point et près de soi, on distingue encore des plantes bien remarquables : un *Cupressus horizontalis*, haut de 18 mètres; un vaste espalier de *Laurus nobilis*, haut de 4 mètres, et au midi, en pleine terre, un immense *Agave americana* qui, pour cette année même ou pour la suivante, annonce sa gigantesque panicule de fleurs.

On ne trouve à Venise aucune plante sauvage, et pour rencontrer les espèces spontanées, il faut aller visiter les rivages où les lagunes touchent la terre ferme, ou les lignes d'attérissement qui forment des digues naturelles sur les bords de l'Adriatique. Là quelques plantes spéciales se mêlent aux espèces les plus communes. On voit l'*Eringium amethystinum*, le *Cakile maritima*, le *Scozonera hispanica*, *Crithmum maritimum*, le *Plantago cornuti*, et diverses espèces de *Salsola* et de *Salicornia;* puis, au milieu de cette végétation toute maritime, le *Verbena officinalis* plus commun qu'en France, le *Chicorium intybus*, le *Medicago falcaria* et le *Xanthium macrocarpum*, espèce répandue partout dans la plaine. J'ai rencontré sur les sables le *Poa eragrostis* et le *Tragus racemosus*, graminées qui croissent aussi autour de nos sources minérales, et rappellent les anciennes lagunes de la Limagne.

PADOUE.

———

Pendant la durée du Congrès, des fêtes avaient lieu presque tous les jours, et chacune des villes voisines de Venise voulait y contribuer. Je me rendis à Padoue. Cette ancienne ville a conservé des restes de sa magnificence; on y voit de superbes églises, des tableaux de prix, de riches mausolées, et l'on y conserve comme relique la langue de saint Antoine. De vastes places occupent une partie de Padoue, et les statues y sont véritablement prodiguées.

Le jardin de botanique le plus ancien de l'Italie était le lieu de la fête et du rendez-vous; des groupes de musiciens étaient distribués sur des pelouses, sous l'ombre de ses vieux arbres exotiques. Une tente rouge et blanche s'élevait devant les serres et protégeait une exposition d'horticulture, à laquelle tous les amateurs avaient été appelés à concourir.

Après avoir vu les belles expositions de Gand, de Paris et de Clermont, après avoir vu les horticulteurs lutter avec peine et persévérance contre la rigueur du climat, je m'attendais à trouver à Padoue, dans la ville des fleurs, sous un ciel pur, un de ces jardins éthérés, comme ceux que Mahomet promet à ses croyants, comme l'Eden que Dieu avait donné à nos premiers parents. Peut-être ces idées préconçues ont-elles eu malgré moi quelque influence sur mon imagination, mais je dois dire que ce qui m'a le plus frappé dans cette exposition, c'est le luxe des sentinelles qui étaient parsemées de tous côtés. A cela près, tout était disposé avec beaucoup de goût. Au milieu de la tente que j'ai déjà signalée, se trouvait une colonne avec le buste de Cœsalpin, et tout autour on avait groupé une jolie collection de plantes alpines qui montraient, par leur langueur, qu'elles préféraient la lisière des neiges éternelles aux honneurs dont elles étaient l'objet. Elles appartenaient à M. Alberto Parolini. Les Verveines étaient nombreuses, maigres et à peine fleuries.

Les Dahlias coupés formaient de nombreux tableaux, et les Reines-Marguerites étaient distribuées en plusieurs groupes. Ces deux plantes, si brillantes dans nos expositions, étaient représentées à Padoue par une si grande quantité de mauvaises variétés, qu'il faut en conclure que le climat de cette partie de l'Italie leur est absolument contraire.

C'est au point que des Dahlias en cire, exposés par par Mme Fanny di Luca, tout médiocres qu'ils étaient, paraissaient plus beaux que les naturels.

Des variétés remarquables de *Petunia* attiraient l'attention des promeneurs ; les *Fuchsias* étaient nombreux et variés. On distinguait aussi, comme plante nouvelle, un *Spathodea gigantea*.

Un très-bel *Achmœa fulgens* avait été envoyé de Vienne par le baron Charles de Hugel, qui possède à Hietzing un des plus riches jardins de l'Europe. Un *Gunnera scabra*, de nombreux *Achimenes*, des *Gesneria* couverts de corolles éclatantes, diverses Bruyères étaient disposées avec élégance dans de pittoresques rocailles d'où l'on voyait jaillir des filets d'eau.

Ailleurs, c'était une très-belle collection d'arbres verts qui méritaient les honneurs de l'exposition ; ils appartenaient à M. Giacomelli, de Trévise.

Une place spéciale était consacrée aux plantes difficiles à cultiver, et l'on voyait avec surprise les Ananas et les Bruyères rangés dans cette catégorie.

Les légumes étaient représentés par des Patates jaunes, rouges et blanches.

Les fruits tenaient un rang beaucoup plus distingué, et offraient de nombreuses variétés appartenant à la belle famille des Hespéridées. Telles étaient le *Citrus pictorum* très-gros et couvert de verrues orangées ; un beau groupe de trois fruits du *Citrus del Brocco* ; un bouquet de *Citrus florentino*, d'un beau vert ; le *Citrus scadek*, ayant la forme d'une belle coloquinte un peu déprimée au sommet ; le *Citrus verrucosus*, dont le nom indique le caractère, etc. Tous ces fruits étaient exposés par M. Scipion Maupoil, qui avait aussi fourni de belles grappes d'*Uva odorata*, ou Raisin Isabelle d'Amérique. On devait au même exposant une collection de Pommes et de Poires composée de très-bonnes variétés.

M. de Salvi avait envoyé de Vicence une curieuse série des fruits mûrs de *Magnolia*. On y voyait les *M. triumphans, soulangiana, discolor, amabilis, cordata, speciosa, yulan, glauca, striata, grandiflora, macrophylla* et *norbertiana*, ainsi que des fruits parfaits de *Maclura aurantiaca*, de *Camelia* artificiellement fécondés et d'*Asimina triloba*.

Près de là était un Bananier fructifié, un Vanillier avec ses siliques presque mûres, de nombreux Ananas, et en dehors de la tente, une collection d'Hespéridées en pots, toutes fructifiées et dans le meilleur état.

Mais, au milieu de ces richesses, l'attention du visiteur se portait sur un Poirier nain, mêlé, je ne sais pour quelle raison, aux fleurs des rocailles. Cet arbre en pot, haut tout au plus de 50 centimètres, et portant l'étiquette de *Pyrus regalis*, ou Belle-Angevine, n'avait qu'un seul fruit qui pouvait peser au moins 1 kilog. Ce prodige, qui rappelait les vergers en miniature des

Chinois, appartenait à un de nos savants horticulteurs,
à l'abbé Berlèze.

Si l'on voulait compléter ce beau tableau des richesses
pomologiques de la Lombardie, il fallait aller sur la
place publique. Là les nombreuses variétés de Figues,
de Pêches, d'Azeroles, de Raisins, de Grenades, de
Pommes et de Poires, de Courges, de Pastèques et de
Potirons, composaient à eux seuls une immense exposition, où il eût été facile de choisir une série d'élite
digne, sous tous les rapports, de pénétrer dans le sanctuaire qui abritait les autres notabilités végétales.

Un de mes regrets fut de voir l'art du fleuriste ou
plutôt du bouquetier, porté dans les villes de la Lombardie, comme à Florence, à un si haut degré de perfection, représenté par un seul sujet, par un vase de
fleurs composé par le signor Dominico Beda.

L'exécution d'un bouquet devient parfois un grand
travail ; car en Italie on remplace ordinairement sur
les tables et dans toutes les fêtes les pièces montées de
nos confiseurs par d'élégants bouquets de fleurs naturelles. Ainsi, c'est un vase, une couronne, un obé-
lisque, un parterre tout entier qui fait l'ornement d'un
banquet, et qui fixe toujours l'attention des convives.
J'essaierai de vous en donner une idée par le bouquet
du signor Beda. Les fleurs y formaient deux étages com-
posés eux-mêmes de couronnes artistement nuancées.

Des Verveines de couleurs différentes commençant
par le rouge vif et finissant par le rose le plus tendre,
formaient des cercles concentriques que venaient entourer
de charmants corymbes de Lantana soufrés au milieu
et roses en dehors ; puis les ombelles blanches du *Clypeola maritima*, plante des bords de la mer, et qui
forme la base des bouquets italiens. Une guirlande verte
en feuilles de *Geranium* à odeur de rose, bordait ce
premier plan simulant la vasque d'une fontaine, d'où
ruisselaient les boutons et les fleurs à peine ouvertes de
Fuchsias suspendus par leurs longs pédoncules. Le second plan, ou l'inférieur, plus large que l'autre, mon-
trait d'abord une charmante mosaïque bleue et blanche
composée de *Delphinium* et de *Clypeola maritima*. L'Hé-
liotrope entourait d'une large couronne ce gracieux assemblage, faisant ainsi le passage à des zones de Balsa-

mines roses et violettes, alternant avec des *Stevia* et des Matricaires; enfin, une ceinture de *Gomphrena* carminés, un diadème de Capucines, une auréole dressée de *Mimosa* et les fleurs suspendues de l'*Abutilon striatum*, complétaient cette composition où nos fleuristes auraient pu puiser de fécondes inspirations.

Toutefois, je dois le dire de suite, ces bouquets florentins s'avancent à grands pas vers nos contrées, où, nous l'espérons, avec nos riches matériaux, ils surpasseront bientôt leurs modèles.

Déjà de charmantes compositions de ce genre ont été créées à Paris depuis l'invasion des bouquets monstres. Ce sont des couronnes de boutons de Rose et de Jasmin; des masses de Dahlias dont la couleur foncée vers les bords se dégrade en un blanc pur au milieu. C'est une aigrette de *Mimosa*, entourée de Violettes enfermées elles-mêmes dans les jeunes branches fleuries de ce même arbrisseau. Ailleurs, c'est une simple poignée de *Polygonum orientale* dont les épis coccinés sont relevés par une guirlande de Fougère. La Passiflore ailée avec sa triple couronne d'albâtre et d'azur, est symétriquement unie au Jasmin, à l'OEillet blanc, et comme double symbole de l'hiver et du printemps, l'art sait associer le céleste *Myosotis* aux boutons d'ivoire de la Rose de Noël, contraste que la nature accueille quelquefois, et que l'horticulteur lui impose à son gré.

Mais que d'associations, que d'harmonies dans l'arrangement de ces purs Camellias, dans l'assemblage de ces Jacinthes parfumées, de l'humble Perce-Neige, des printanières Hépatiques, dans la confusion des branches du Lilas blanc ou coloré, et de ces Narcisses que le printemps fait éclore aux premiers beaux jours.

Les bouquets sont aujourd'hui pour l'Europe entière la source d'un commerce considérable. C'est un impôt qui se paie sans contrainte et dont la quittance est un sourire.

J'avais un instant laissé Padoue; j'y retourne, car, autour de cette tente où l'on avait réuni le Congrès et les merveilles de Flore, se trouve le plus ancien jardin de botanique de l'Europe. Aussi y voit-on des arbres exotiques de grandes dimensions, et qui fructifient comme dans leur propre pays.

Un Platane oriental date de 1545, et ce monument de trois siècles est dans toute la vigueur de l'âge. Sa seule infirmité consiste en un grand nombre de loupes qui le rendent très-curieux, sans nuire à sa robuste santé.

Les *Magnolia grandiflora* sont aussi forts que les Chênes de nos forêts, et se couvrent de fruits tous les ans.

Un *Ginko biloba* paraît aussi très-âgé, et les hautes pyramides des Cyprès attestent l'époque reculée où elles furent plantées. Les *Quercus ilex* et *OEgilops* sont aussi parvenus à de grandes dimensions.

L'*Agnus castus*, qui, dans nos parcs, s'offre sous les apparences d'un simple arbrisseau, est parvenu, dans le jardin de Padoue, à la stature d'un grand arbre. Sa plantation date certainement de cette époque naïve où l'on croyait à ses vertus, et où les anciens moines, munis d'une branche de l'arbrisseau tutélaire, défiaient le démon le plus acharné contre le repos de leur âme.

Mais l'arbre, en vieillissant, a sans doute perdu sa puissance. et s'il en émane encore une atmosphère de chasteté, elle ne s'étend guère au-delà de son ombre.

TRIEST et LAYBACH.

Malgré tout l'intérêt qui m'attachait aux séances du Congrès italien, je dus partir de Venise avant la fin des réunions, et, par une belle matinée de septembre, je m'embarquai sur les eaux pures de l'Adriatique. Le bateau à vapeur fut obligé de faire de nombreux détours dans les lagunes pour avoir un canal assez profond, ensuite il prit la pleine mer, et dix heures après, j'étais sur le port de Triest, au milieu d'une foule de bâtiments de toutes les nations.

C'était le jour de l'équinoxe. Le coucher du soleil, qui, dans cette journée, distribuait ses dons avec égalité sur la terre entière, fut de toute beauté.

Des pommelures qui existaient au ciel se colorèrent en un rouge très-vif, et se détachaient sur un fond d'or.

La mer elle-même semblait illuminée sur toute sa surface, et une large zone verdâtre, produite peut être
par un effet de contraste, s'étendait jusqu'au zénith.
Le pourpre devint violet, puis il se ternit, et des teintes
bleues, lilacées, puis enfin grises et enfumées, se suc-
cédèrent lentement, et ce grand spectacle s'éteignit
derrière les voiles et les couleurs de vingt nations différentes.

L'Orient s'était aussi richement coloré en rose sur un
fond bleu, et les montagnes calcaires qui s'élèvent
derrière Triest reçurent, dans cette belle soirée, ces
reflets d'un rose tendre que les sommités couvertes
de neige et le Puy-de-Dôme lui-même nous présentent
quelquefois au déclin du jour.

Une heure plus tard, la place publique s'illuminait
et se transformait en un marché aux fruits, où se trouvaient rassemblées, à la lueur des flambeaux, toutes les
productions du littoral de l'Adriatique, et où les cos-
tumes des femmes rappelaient déjà ceux de la Dalmatie
et des îles ioniennes.

Ici finit l'Italie et commence l'Allemagne. On monte
en sortant de Triest pour traverser les Alpes de la Ca-
rinthie, et l'on abandonne cette région si riche, ses rivages si fertiles, cette mer si animée par toutes ses
voiles, pour atteindre des régions pastorales qui n'ont
plus aucun rapport avec celle que l'on vient de quitter.

On retrouve les paysages de la Suisse, ses pelouses si
étendues, ses bois de hêtre, ses forêts de sapin, ses
ruisseaux rapides avec leurs chutes et leurs torrents.
Puis on descend dans de vastes plaines encore maréca-
geuses et couvertes de débris alluviens, et on arrive à
Laybach. Cette ville est la capitale de l'ancien royaume
d'Illirie. Elle est bâtie sur les bords même du Laibach,
rivière qui traverse un très-grand bassin qui paraît avoir
été un ancien lac.

De jolies promenades existent dans cette localité, mais
elles sont loin de pouvoir rivaliser avec celles que l'on
rencontre dans presque toutes les villes d'Allemagne.
On y voit des Rosiers greffés qui atteignent 8 à 10 mètres d'élévation, et souvent une tige d'Eglantier porte
les fleurs qu'on lui a confiées jusqu'aux fenêtres d'un
premier et même d'un second étage.

On traverse, avant d'arriver à Laybach, des montagnes calcaires très-curieuses par leurs grottes et leurs stalactites, par leurs eaux souterraines et par leur végétation.

Au-delà de cette ville, on entre dans la Styrie, pays couvert de bois et de prairies, et où l'Autriche a étendu son réseau de chemins de fer. Ils commencent à Cilly, et de là, parcourant de beaux bassins, côtoyant de longues collines où les Mélèzes et les Sapins confondent leur feuillage, traversant à chaque instant des cours d'eau qui font mouvoir mille rouages divers, on arrive au pied du Simmering, montagne élevée que la route ferrée n'a pu franchir. On voyait encore, sur les pelouses du sommet, des Gentianes d'automne, et, à la base de la montagne, des Cyclamens à fleurs roses qui se cachaient dans les buissons. Au-delà de ce passage que l'on franchit en quelques heures, on entre dans le vaste bassin du Danube où Vienne est située.

C'est une plaine très-étendue, couverte de cailloux roulés qui témoignent de l'ancienne puissance d'un cours d'eau qui, aujourd'hui encore, est une des grandes artères de l'Europe. Mais quand on songe aux débris entraînés autrefois par ce fleuve, alors que des crues périodiques décuplaient ses forces et le répandaient sur la plaine, on est étonné de la grandeur des résultats et de l'étendue de ses atterrissements.

La campagne est presque stérile, et des semis nombreux de diverses espèces de *Pinus* ont déjà formé çà et là de nombreux bouquets d'arbres verts. A Neustad, le sol devient plus fertile; il se couvre de potagers; puis apparaissent de populeux villages qui, d'abord assez distants, sont ensuite plus rapprochés, et annoncent, par leurs environs cultivés et l'activité de leur population, que l'on approche d'une capitale.

VIENNE, SCHONBRUNN, HIETZING.

Vienne est, en effet, le centre qui tient les rênes d'un vaste empire dont les parties, mal soudées, ne resteront peut-être pas toujours fixées à la métropole.

C'est une ville entourée de riants paysages et de riches campagnes, traversée par une petite rivière qui lui a donné son nom.

Depuis 1142, époque de sa fondation par Henri 1er, duc d'Autriche, Vienne, comme toutes les grandes cités, a plusieurs fois cédé à la puissance des armes. En 1241, moins d'un siècle après sa création, elle était prise par Frédéric II, duc d'Autriche, et en 1277, par l'empereur Rodolphe Ier. Elle résista en 1477 aux Hongrois, et tomba, huit années plus tard, au pouvoir de Mathias, roi de Bohême et de Hongrie. En 1529 et en 1683, les Autrichiens eurent à subir deux siéges dont le dernier surtout a laissé de glorieux souvenirs. C'est à cette époque que Sobieski sauva la ville de la fureur des Ottomans, lorsque déjà tout espoir était perdu. Le héros polonais et ses combattants étaient alors entourés des hommages d'un peuple reconnaissant dont ils sauvaient la nationalité.

Les descendants de Sobieski ont conservé leur valeur, et ceux de ses protégés ont oublié la reconnaissance.

Depuis lors, nos troupes sont entrées deux fois victorieuses dans la capitale de l'Autriche, et si quelques aigles de nos anciennes légions sont tombées au pouvoir de nos adversaires, partout, à Vienne, ces trophées sont placés au premier rang, tant il est vrai que l'on estime les choses en raison des difficultés qu'on éprouve à les obtenir.

La ville est encore fortifiée, mais les remparts sont couverts de longues promenades et de jardins; les fossés même présentent de belles allées ombragées, et les faubourgs, largement étendus autour de la ville de Vienne, contiennent maintenant 300,000 habitants. Les rues sont magnifiques, larges, droites, alignées; mais le commerce reste, pour ainsi dire, dans l'ancienne cité, où se trouvent aussi les églises, de nombreuses et élégantes fontaines et des places irrégulières et resserrées.

Mon but n'était pas de voir Vienne en historien, et ses jardins étaient le principal but de mes excursions.

Le jardin de botanique, qui est vaste et bien ordonné,

est un des plus remarquables. Les plantes y sont disposées par tribus naturelles; mais au lieu d'être placées en séries linéaires, elles sont rapprochées en groupes, selon leurs affinités, représentant sur le sol ces classifications graphiques que l'on fait sur le papier, et où, autant que possible, les analogies sont ménagées et les points de contact conservés.

Le jardin offre une série de massifs et de parcelles gazonnées proportionnées à l'étendue des familles. Au milieu de chacune de ces petites divisions du sol, se trouvent les arbres, et autour, distribuées sur un gazon fin et serré, les espèces frutescentes ou herbacées.

Chaque genre est isolé avec ses espèces qui lui sont subordonnées, et l'espace est assez grand pour qu'on puisse, au besoin, offrir asile aux nouveaux venus.

Cet arrangement a l'avantage de faire d'un carré d'étude un jardin paysager, de placer les plantes dans un ordre plus naturel, et de donner sur leurs affinités des notions que ne peuvent offrir dans aucun cas les séries linéaires.

Vienne n'est pas, du reste, la seule ville où l'école de botanique présente cet arrangement. On le retrouve à Edimbourg, et, il y a quelques années, je le vis aussi mis en pratique à Liège par M. Morren. Ce savant avait même poussé la perfection de classification sur le sol au point de séparer les classes par de grandes allées, et les familles par des sentiers, en laissant isolées et comme indécises dans le voisinage des autres groupes, certaines tribus sur le sort desquelles les botanistes n'ont pas encore nettement prononcé.

L'étendue du jardin de botanique de Vienne donne à cet arrangement un avantage réel. De grandes serres et de belles plantations d'arbres, un vaste amphithéâtre pour les cours, des salles pour les collections, complètent ce bel établissement. Quelques cabanes construites avec des troncs de bouleaux produisaient un effet très-agreste sur le gazon; l'écorce blanche et satinée du bois faisait ressortir les fleurs des Cobœa qui couvraient ces chaumières ou tombaient en guirlandes sur leurs parois.

Indépendamment de ce jardin consacré à la science, la ville en a d'autres qui sont de simples promenades d'agrément, tel est celui de la cour et celui du peuple. Partout on voit l'emploi continuel des gazons toujours frais, verts et constamment fauchés. Là se dessinent de gracieuses arabesques formées par de jeunes boutures fleuries du *Geranium zonale*, le plus ancien et le plus commun de nos *Pelargonium*. Tantôt il forme un massif ou une ligne, tantôt il désigne un contour ou festonne un gazon. Ses fleurs, qui, dans le cours d'une année, se succèdent par milliers, contrastent avec le vert dont elles sont la teinte complémentaire, et donnent à certaines compositions horticoles une permanence et un éclat que l'on attendrait vainement de plantes plus rares et moins rustiques.

C'est ainsi qu'à la résidence impériale de Schonbrunn, près Vienne, on voit en entrant de vastes pièces de gazons décorées par des plantes unicolores. Les Dahlias, les Reines-Marguerites, les *Petunia* forment, sur les tapis de verdure, des massifs bleus ou roses, blancs ou pourprés, sans qu'on permette aux fleurs de nuancer leurs teintes et de marier leurs couleurs. Les Dahlias rouges ne sont pas admis en compagnie des blancs, et la Reine-Marguerite bleue est reléguée à une certaine distance de celle qui est rose ; de sorte que l'ensemble des six grandes pièces de gazons qui se développent devant le palais de Schonbrunn doit, à cet arrangement particulier des couleurs, l'effet grandiose qu'il produit. Ajoutez à cela les deux jets d'eau qui s'élèvent si majestueusement à l'extrémité du parterre, les saules pleureurs qui s'inclinent sur leurs bassins, et les vignes vierges dont les feuilles rougies s'appliquent sur les balustrades de marbre blanc, et vous aurez une faible idée de Schonbrunn.

Près de là est une ruine moderne où l'artiste a figuré les colonnes morcelées et les cintres écrasés, où les lignes semblent brisées de vétusté et les beautés respectées par le temps, où l'eau coule encore au milieu des débris, et où le Nénuphar balance ses larges feuilles et ses fleurs d'or ou d'albâtre.

De hautes et anciennes charmilles conduisent dans la partie supérieure du parc, où vous trouvez une véritable forêt composée d'Ormes, de Tilleuls, d'Erables et de Chênes exotiques, tandis qu'à une autre extrémité, vous rencontrez des serres magnifiques et une vaste ménagerie.

De Schoubrunn à Hietzing, il n'y a qu'un pas, et l'on trouve le jardin le plus considérable qui existe en Europe : c'est celui du baron Charles Hugel. On s'y promène sous des allées étroites ombragées par des arbres des tropiques, de grands arbrisseaux de la Nouvelle-Hollande et des Conifères étrangères, où les *Araucaria* atteignent de grandes proportions. Ce taillis, composé de pots ou de caisses rapprochés, est lui-même protégé par de beaux arbres de pleine terre, et ces allées sombres, où les rayons du soleil sont arrêtés par de si étranges feuillages, conduisent à des pelouses émaillées ou à de riches parterres. Des fils invisibles guident des Cobœa, des Ipomées ou des Glycines, qui montent, descendent, s'allongent, se replient, se développent ou se contournent au gré des supports ou des obstacles qu'on leur donne ou qu'on leur oppose.

Sous ces dais de feuillages et de fleurs, viennent chaque jour se grouper les plantes fleuries d'un plus vaste jardin. Les pots ensevelis dans la mousse forment des lignes sinueuses simples ou superposées, où les couleurs sont artistement contrariées, ou bien ils sont groupés sur des étagères, dressés sur des pyramides, ou même suspendus, dans des lampes en terre ou en cônes de pin, aux arbres et aux guirlandes feuillées qui les réunissent, en simulant les lianes des régions tropicales.

Les serres sont multipliées à l'infini. Elles contiennent un million de pots. On y voit 1,000 espèces ou variétés de Bruyères, toutes les variétés connues de Camellias, des Conifères extraordinaires entièrement nouvelles, des serres entières remplies de *Banksia*, de *Protea*, etc. Les voyages du baron Hugel, sa haute position à Vienne, et les immenses relations de son établissement, expliquent les inépuisables richesses de ses collections.

Sa serre à Orchidées est l'image d'un de ces mystérieux boudoirs que la nature cache dans ses plus profondes forêts équatoriales.

La lumière diffuse, la chaleur humide, le parfum de toutes ces plantes, leur bigarrure, le balancement de celles qui sont suspendues, l'originalité de leur station, font de cette charmante retraite un sanctuaire digne du

savant voyageur qui a su conquérir un si précieux bu-
tin. Ce sont en général de vieux troncs branchus qui
supportent toutes ces Orchidées. Les unes y sont fixées
par leurs racines, d'autres y sont suspendues, ou bien
elles sortent de paniers construits en roseaux ou de corbeilles de fil de fer élégamment tressé. Les *Lelia*, les
Stanhopæa, les *Cypripedium*, les *Oncidium*, mélangent
leurs corolles parfumées. L'*Hedysarum gyrans*, placé au
milieu d'une famille étrangère, agite constamment ses
deux folioles qui s'inclinent devant la plus grande toujours immobile, et la Dionée étale ses feuilles et attend
inutilement les insectes de sa patrie qui ne l'ont pas sui-
vie dans l'exil.

Après l'établissement du baron Hugel, il ne faut plus
rien voir à Hietzing, si ce n'est une copie en miniature de toutes ces beautés horticoles : c'est le jardin du
docteur Haike. Tout y est disposé avec goût. Ce sont
toujours de frais gazons dans lesquels les plantes sont
cultivées, des arbres aux branches desquels sont suspendus de petits paniers garnis de cônes de pin et rem-
plis de végétaux aux branches flexibles et pendantes ;
c'est un pavillon rustique au bout du jardin et une harpe
éolienne dont les sons mélodieux étonnent le visiteur,
qui cherche sans la trouver la cause de cette suave har-
monie.

La collection de *Petunia* du docteur Haike est des
plus remarquables. Les fleurs en sont si grandes, qu'elles
peuvent à peine se soutenir ; mais le vent qui faisait vi-
brer les cordes de la harpe éolienne, avait déchiré les am-
ples corolles des *Petunias*; plaisir pour un sens et pri-
vation pour l'autre, c'est ainsi que tout est compensé
dans la vie ; le bonheur sans mélange ne lui appartient pas.

LA BOHÊME, LA SAXE.

Je me rendis de Vienne à Prague, en suivant les longues sinuosités du chemin de fer qui traverse la Mora-
vie et la Bohême. Après avoir passé les trois bras du
Danube, on traverse de grandes plaines très-bien cul-

tivées, et l'on suit long-temps les bords horizontaux de la March et de la Thaya, deux longues rivières tributaires du grand fleuve qui va conduire ses eaux dans la mer Noire. A Lundebourg, on passe la Thaya pour reprendre, pendant près de 50 lieues, la rive droite de la March. Avant d'avoir franchi la moitié de la distance qui sépare les deux capitales de la Bohême et de l'archiduché d'Autriche, on aperçoit Olmutz que l'on distingue de loin à ses maisons blanches qui s'élèvent à peine au-dessus de remparts en briques.

Au-delà de cette ville, on traverse encore de belles plaines, mais la route fléchit à gauche, et vous éloigne des frontières de la Hongrie que l'on avait suivies pendant long-temps. Malgré le peu de pente du chemin de fer, on monte sensiblement. On trouve des prairies étendues toutes couvertes de Colchiques d'automne à fleurs roses ou blanches, et de ces petites Marguerites si communes aussi sur nos pelouses. On s'approche de coteaux boisés qui paraissaient très-éloignés, et l'on pénètre dans une étroite vallée dont la rivière de March occupe constamment le talweg. On passse plus de vingt ponts construits sur un ruisseau dont il est impossible de suivre les détours, et enfin on entre dans la Bohême par un tunnel.

C'est qu'en effet, la Bohême est partout entourée de montagnes, c'est un véritable cirque d'une grande étendue, en partie formé par des collines primitives, et n'ayant qu'une échancrure par où l'Elbe s'échappe dans les plaines de la Saxe et de la Prusse.

Si cette ouverture était fermée, la Bohême deviendrait un grand lac, comme elle l'a été autrefois, une sorte de Caspienne au milieu de l'Europe.

De grandes alluvions répandues sur toute cette contrée y témoignent, en effet, de l'ancien séjour des eaux qui s'y trouvaient étagées dans une série de lacs superposés. On peut encore suivre, pour ainsi dire, leurs contours ; car on descend dans la Bohême par une pente très-douce sur des calcaires, et on atteint des prairies successivement élargies et resserrées, dont les étranglements marquent les digues des anciens lacs ; puis on parcourt enfin des plaines couvertes de sable, d'argile et d'alluvions.

Le centre de la Bohême est, comme celui de la Limagne, le réceptacle des eaux qui tombent sur toute l'enceinte. Un grand nombre de ruisseaux et de petites rivières viennent se jeter dans un des plus grands fleuves de l'Allemagne, dans l'Elbe, dont le cours, opposé à celui du Danube, marque un des plus vastes bassins de l'Europe occidentale.

La Bohême est donc une contrée qui, sous tous les rapports, est entièrement séparée des pays qui l'environnent. Elle ne tient à l'Autriche que par les traités de 1815. Elle a une surface d'au moins 3,000 lieues carrées. Que l'on juge alors des quantités d'eau considérables qui se réunissent sur une aussi vaste étendue pour s'échapper vers la mer du Nord par une seule ouverture. Que l'on se reporte à ces anciennes époques géologiques où l'eau, fortement vaporisée, tombait sur le sol en pluies torrentielles, et l'on aura une idée de la puissance de l'Elbe et de ces gigantesques lavages qui ont couvert de sables et d'alluvions les terres d'une grande partie de la Prusse, du Hanovre et du Meklembourg.

Aujourd'hui, deux puissantes rivières marquent encore, dans la Bohême, le centre et l'origine des grandes alluvions ; la Moldau, dont le cours est de 300 kilomètres, et l'Eger dont le développement est de 200 kilomètres. Ce sont ces deux cours d'eaux qui, après avoir reçu plusieurs affluents, se réunissent à l'Elbe, déjà riche elle-même de la jonction de nombreuses ramifications.

Prague n'occupe pas précisément le centre géographique de la Bohême, mais il en est le centre industriel et commercial. La Moldau traverse la ville, et se développe dans les belles campagnes qui l'environnent.

Le chemin de fer s'arrête au milieu de la Bohême, et l'on est obligé, pour gagner la Saxe, d'aller joindre l'Elbe à quelques lieues de la ville. J'y trouvai le bateau à vapeur le *Bohemia*, qui descendait directement à Dresde.

Malgré la pluie la plus opiniâtre, je ne pus me résoudre à abandonner un seul instant le pont du *Bohemia*. Les sites que l'on voit des deux côtés de la rivière sont si singuliers, si grandioses ou si sauvages, que l'on regrette ce passage rapide devant les scènes attachantes de cette pittoresque contrée.

Un des arbres les plus communs sur les bords et dans

les îles de ce fleuve, est le Saule ordinaire ou Saule blanc qu'on y laisse croître en toute liberté, sans le soumettre à de périodiques mutilations. On voit ses rameaux argentés s'élever, puis s'incliner vers la terre, et promener leur ombre mobile et légère sur des gazons d'une fraîcheur et d'une finesse extrêmes. De beaux Chênes, des Hêtres, des Pins, des Sapins, des Charmes et des Erables, des Aulnes et des Bouleaux, se groupent et se mêlent dans les campagnes voisines et sur les coteaux d'alentour, ou bien se rapprochent en berceaux pour couvrir les îles nombreuses que l'on rencontre au milieu du fleuve. De loin on aperçoit des montagnes pointues ou des croupes arrondies que l'on finit par atteindre. Ce sont des pics basaltiques souvent très-élevés, dont la roche se délite avec une grande facilité. Ils ressemblent à nos cônes volcaniques, et l'on croirait voyager sur les bords de l'Allier, ou parcourir les environs d'Issoire ou de Vic-le-Comte. Quelques vieux châteaux ou une simple croix marquent le sommet des montagnes; des terrains tertiaires, des grès, des houilles et des alluvions viennent encore ajouter de nouveaux traits de ressemblance entre les deux pays que nous comparons.

Après avoir coupé ou démantelé les prismes basaltiques qui s'opposaient à sa libre sortie de la Bohême, l'Elbe a attaqué de puissantes assises de calcaires et de grès. Elle a usé de vastes terrains et s'est creusé un profond canal dans leurs fissures. Aujourd'hui elle coule entre des roches découpées, abruptement taillées au-dessus de ses rives. On voit sur les rochers déchiquetés au milieu desquels le bateau vous entraîne toutes ces figures fantastiques que l'imagination nous montre aussi sur les crêtes arides de nos Cévennes, des tours, des obélisques, de monstrueux animaux, de colossales statues, des profils ou des lignes bizarrement contournées.

Des Sapins s'élèvent en gradins sur ces découpures aériennes des rochers, tandis que de grands fragments, détachés par le temps et usés par le courant, gisent çà et là dans la rivière, comme les ruines des anciennes constructions de la nature.

Après avoir suivi les contours sinueux de ces gorges, le fleuve n'a plus que de longues plaines à parcourir.

On a passé la limite qui sépare les états autrichiens de la Saxe, et l'on arrive à Dresde.

La Saxe de 1815 n'a réellement en étendue que le tiers de la Bohême ; mais le commerce, l'industrie et, par suite, la richesse, y sont bien plus développés que dans l'ancien royaume de Charles IV.

Dresde est une belle ville, assise sur les bords de l'Elbe, au milieu de riantes campagnes, et dont les deux parties sont réunies par un pont de seize arches et de 473 mètres de longueur. C'est une des cités les plus intéressantes de l'Allemagne. Le musée de tableaux et le trésor de la couronne renferment des objets d'art d'un prix inestimable, et que l'on ne pourrait rencontrer ailleurs. Les tableaux de Raphaël, de Rubens, de Ruisdaal, de Téniers et de beaucoup d'autres grands maîtres, abondent dans ses galeries, et les richesses minéralogiques de ses montagnes ont permis de recueillir, dans un royaume aussi circonscrit, des collections plus précieuses que celles des grands états voisins. Le musée historique est aussi un des plus remarquables de l'Europe par le nombre des armes que l'on y conserve, par les curieuses armures des anciens chevaliers remplacés euxmêmes par des mannequins dans l'attitude du combat.

Dresde possède un jardin de botanique agréablement situé près des bords de l'Elbe, mais que le mauvais temps et la saison trop avancée m'ont empêché de visiter avec soin.

La prédilection du souverain pour la botanique, et les connaissances profondes et variées du professeur Reichenbach assurent à cette capitale une suprématie marquée dans l'étude de cette partie de l'histoire naturelle.

Je fus assez heureux pour assister à une exposition d'horticulture principalement consacrée aux fruits d'automne et au genre Dahlia.

Elle avait lieu dans une petite salle située à un premier étage, et tout le monde était admis moyennant la faible rétribution d'environ quarante centimes de notre monnaie.

On voyait, au centre de la salle, un groupe de *Palmiers*, autour duquel de nombreux individus de *Justicia carnea* largement fleuris et de *Begonia diversifolia*, à fleurs également roses, formaient une élégante ceinture. Une mousse verdoyante cachait les vases et s'étendait autour d'eux en forme d'une étroite plate-bande ; puis venaient des milliers de fleurs de Dahlias formant, sur le pavé même de la salle et autour de la mousse, des cercles concentriques alternativement roses et blancs, puis une courbe émaillée de toutes les couleurs que présente cette reine de l'automne, et enfin une bordure de Dahlias jaunes et soufrés.

Ce parterre d'une nouvelle espèce, qui méritait littéralement ce nom, avait la forme d'un ovale parfait, et à ses deux extrémités se trouvaient deux pyramides tronquées, construites en bois, mais offrant les plus riches marquetteries faites en prunes, pommes d'Api, Azerolles et autres fruits serrés les uns contre les autres, et fixés sur le bois qu'ils cachaient complètement.

Deux larges coupes reposaient au sommet des pyramides ; elles contenaient, au milieu de mousse fraîche et d'un vert pur, des représentants d'élite de tous les fruits de la saison.

En face de la porte d'entrée, on avait fixé une vaste corne d'abondance couverte de Dahlias et d'où sortait un énorme bouquet. Ces fleurs s'inclinaient sur un berceau monté en bois et en fils de fer et garni de longues branches de vigne chargées de raisins dont les grappes, diversement colorées, pendaient sous la voûte de leur feuillage, tandis que l'extrémité inférieure des branches plongeait dans l'eau et entretenait la fraîcheur de cette coupole improvisée.

A l'opposé de ce berceau, étaient classées plusieurs variétés de légumes, des Celleris-Raves, diverses espèces de Choux et une collection très-curieuse de Courges. Ces échantillons étaient placés autour d'un faisceau de Fougères et de Lycopodiacées exotiques, au milieu desquelles on voyait çà et là sortir d'énormes Ananas.

Les fruits existaient en très-grande quantité et consistaient en belles séries de Poires, de Pommes, de Prunes, de Raisins, d'Azerolles, etc. Il n'y manquait que les baies du Sureau noir dont on fait à Dresde des potages violets très-estimés comme dépuratifs, et les graines rouges du Sureau à grappes que l'on vend aussi sur les marchés, et dont on prépare des compôtes et des confitures.

Les collections de Dahlias attiraient avec raison les regards des amateurs. Un des plus beaux, sans nom encore, mais décoré du 1er prix, était d'un violet pur qui rappelait la belle nuance des pétales des Fuchsias. Sa forme était en outre irréprochable. C'est une des plus belles fleurs que l'Allemagne ait produites.

Plusieurs Dahlias jaunes ou orangés très-beaux avaient reçu des médailles de bronze. Un écarlate de premier choix avait obtenu le même honneur, ainsi qu'une plante désignée sous le nom un peu prétentieux d'*admirabilis Versicolor;* elle était soufrée très-claire avec de larges panachures carmin vif et d'une assez bonne facture. L'arrangement de toutes les parties de cette petite exposition indiquait beaucoup de goût et la connaissance de certaines règles d'ornementation que nous retrouverons encore dans le reste de l'Allemagne.

Le réseau de chemins de fer interrompu entre Prague et Dresde se continue ensuite de cette dernière ville dans toute la Prusse et le Danemarck. Aussi, parti à 6 heures du matin de la capitale de la Saxe, j'arrivai à neuf heures à Leipzick, la seconde ville du royaume et le chef-lieu littéraire de l'Europe.

Cette ville est située au milieu d'une grande plaine parfaitement cultivée, qui rappelle les environs de Lille et nos campagnes de la Flandre. Les parcelles de terre y sont encadrées par des bordures de gazon, et le sol est ameubli et préparé comme la terre d'un jardin.

La fraîcheur et l'humidité du terrain ont permis d'établir à Leipzick de superbes promenades. Le petit bois de Rosenthal, les jardins de Hendel sont toujours fréquentés par la foule ; car, en Allemagne, les jardins sont rarement fermés. On n'y rencontre ni haies ni barrières qui mettent obstacle à la libre circulation des promeneurs, et jamais on n'y commet le moindre dégât.

Les tombeaux des grands hommes sont très-souvent placés dans ces lieux publics, et leurs ombres peuvent errer dans ces nouveaux Champs-Elysées. Le jardin de Resch renferme le tombeau du fabuliste Gellert. Près du jardin de Hendel se trouve celui du physicien Gallisch, et au milieu du bosquet de Reichenbach repose Poniatowski.

C'était jour de foire à Leipzick, et la circulation dans

la ville était encore activée par d'immenses convois qui se succédaient sur les rails, et occupaient tous les wagons du chemin de fer.

Les baraques construites dans les rues et sur les places rendaient la circulation plus difficile au milieu d'une boue noire et gluante qui se rassemblait dans des égoûts découverts. A cela près, Leipzick offrait alors le tableau le plus animé qui puisse se rencontrer dans une ville où toutes les nations de l'Europe s'étaient alors donné rendez-vous. Les légères indiennes de l'Angleterre et les chaudes fourrures de la Russie, la porcelaine de Saxe et les étincelants cristaux de la Bohême, les modes de Paris côte à côte avec les nouveaux systèmes philosophiques que les presses de Leipzick répandent par milliers ; livres de science et grotesques caricatures, Tom-Pouce annoncé près d'un éléphant monstrueux, et mille autres contrastes qui frappent l'étranger, constituent le côté plus ou moins moral de la grande foire de Leipzick. Quant aux affaires, elles sont immenses, et les plus importantes se font en librairie.

Une fois sorti de la Saxe, on ne trouve plus que des plaines très-étendues, couvertes d'un sol léger et sablonneux et de cailloux roulés.

La culture consiste, outre les Céréales, en Choux, Carottes, Navets, Betteraves, et surtout en Pommes de terre qui, sur la table des riches, remplacent presque entièrement le pain.

En approchant de Berlin, la terre est moins bonne ; on traverse de grandes landes sans culture où l'on a fait de nombreux semis de Pins qui ont bien réussi.

Le goût des fleurs est tellement répandu dans le nord de l'Europe, qu'à chaque station des chemins de fer, on voit de longues tables ornées de bouquets, près desquels viennent se placer d'énormes biftecks et de nombreux consommateurs. Toutes les croisées sont garnies d'*Hortensias*, d'*Achimenes*, de *Gesneria*, ou même des serres tiennent aux bâtiments de la station. Quelquefois la route est bordée de longues lignes de Tournesols.

L'Elbe, qui traverse cette grande plaine, l'a couverte autrefois de sables et de graviers. Le fleuve serpente au milieu de larges prairies ornées de bouquets d'Aulnes et de Saules ; et quand on abandonne ses bords, on retrouve des monticules couverts de Pins et des champs de Bruyère qui se succèdent jusqu'à Berlin.

BERLIN.

Cette capitale, qui, en 1661, ne renfermait que 6,500 habitants, en a aujourd'hui au moins 400,000. C'est une des belles villes de l'Europe, coupée par de longues et larges rues, ornée de vastes places. Berlin a 15 kilomètres de tour, et s'ouvre par 15 portes sur la campagne. Les cinq grandes lignes de chemins de fer qui viennent y aboutir lui donnent une très-grande importance, et augmentent la population d'une manière inattendue. Aussi, les maisons ont une grande valeur, et les loyers, par conséquent, sont d'un prix très-élevé. Une petite rivière, la Sprée, traverse la ville et va se jeter dans le Havel, à quelques kilomètres des faubourgs. Plus de 80 bâtiments appartenant à la couronne sont disséminés dans les différents quartiers, et contiennent les logements du roi et des princes, les musées de statues, de tableaux, de poterie antique, le musée égyptien, les éclatantes collections d'histoire naturelle, l'arsenal, l'Université, les hôpitaux, les casernes.

Presque tous les princes du Nord ont à Berlin des hôtels qui leur appartiennent. Les belles rues des Tilleuls, de Frédéric Strass, de Leipzick Strass, et les nouvelles rues des faubourgs, offrent des constructions d'une grande élégance.

Le goût du roi pour l'horticulture a transformé la plupart des places en jardins publics dont on prend un soin tout particulier. Ce sont des compartiments gazonnés, séparés par des allées sablées parfaitement entretenues et parsemées de plantes diverses souvent très-communes, mais toujours disposées de manière à produire des effets très-gracieux. Le goût des jardins se révèle ici dans les parterres les plus modestes comme dans les parcs les plus étendus.

On voit briller, sur des pelouses que l'on pourrait prendre pour des tapis de velours, les Panicules fleuries des Gypsophylles, les touffes isolées des nobles Balisiers, des faisceaux d'*Eucomis* taché, qui s'abritent sous des Lilas et des Jasmins.

Ailleurs, on plante le *Corcorus*, on l'entoure de *Statice limonium*, on étale les Verveines sur le gazon, on le borde d'Hépatiques pour le printemps et de Buis panaché pour toutes les saisons. La Pensée, avec ses mille variétés, vient aussi émailler les places publiques de Berlin.

On sait y réduire les plantes aux moindres proportions, ou choisir celles qui, naturellement naines, n'occupent qu'un très-petit espace. Ainsi le *Lobelia erinus*, couvert de ses fleurs bleues, borde les plates-bandes étroites et circonscrites. Le Bengale ordinaire, couché dans la pelouse et retenu par de petits crochets, se transforme en une plante rampante dont les Roses se redressent pour s'épanouir sous la panicule mobile d'une frêle Graminée, et j'ai vu l'herbe porter des Roses, et les premiers givres du nord couvrir leurs pétales glacés d'étincelantes pierreries.

Ce sont quelquefois des dessins très-compliqués que l'on exécute dans ces parterres publics. Tel est, par exemple, celui de la place Guillaume, où l'on remarque, au milieu des massifs, un cercle parfait divisé en 24 rayons, qui sont eux-mêmes autant de parterres distincts, soumis à des dispositions d'ensemble qui produisent le plus bel effet. Des espèces particulières avaient donné leurs fleurs au printemps et pendant l'été. On ne voyait alors que des effets d'automne. Le centre était occupé par des Dahlias écarlates, enfermés dans une ceinture de Symphoricarpos à fruits blancs ; puis venait une large bande de gazons où avait brillé la Pivoine Moutan, et qui alors était couverte de *Lobelia erinus*. Le Buis taillé très-court séparait tous les compartiments entièrement gazonnés, et au milieu de chacun d'eux, on voyait encore des groupes de Bengales rouges et de *Lantana*. On donne à ces petites créations un air de vie en profitant de plusieurs plantes grimpantes, comme les Ipomées, les *Cobœa* et surtout les vignes vierges, et en les forçant de s'élancer en guirlandes onduleuses qui séparent les massifs, marquent leurs contours et indiquent en même temps une barrière infranchissable pour un peuple qui sait respecter ce qui lui appartient.

En sortant de Berlin par la porte de Brandebourg, on entre dans un parc immense que l'on nomme *Thiergarten*. C'est un bois très-étendu dans lequel on a ménagé des allées, et où l'on a fait de nombreuses plantations d'arbres et de fleurs. Les gazons y sont d'une fraîcheur remarquable. On y voit de nombreuses pièces d'eau couvertes de cygnes, et il n'existe certainement nulle part une aussi belle promenade.

Des avenues larges et ombragées sont ouvertes aux équipages, d'autres sont réservées aux exercices de l'équitation; mais celui qui veut connaître le Thiergarten et en admirer tous les détails, doit le parcourir à pied.

C'est là surtout que l'on voit les plus riantes harmonies produites avec les plantes les plus communes. On a tout employé pour décorer les pelouses : contrastes de feuillages, opposition dans la teinte des fruits, entente des couleurs supplémentaires, tout a été étudié, essayé, exécuté.

Comme dans tout le nord de l'Europe, le fond d'une promenade est toujours un beau tapis de Graminées; le rouge, complémentaire du vert, est la nuance que l'on a le plus recherchée. Toutes ses teintes ont trouvé leur place en massifs, en guirlandes, en couronnes, en bordures, en arabesques.

Le Houx toujours vert avec ses baies de corail, le buisson ardent avec ses grappes enflammées, s'y multiplient à l'infini, et souvent une Capucine qui les prend pour support laisse éclore ses fleurs près de leurs fruits.

La grande Balsamine glanduleuse, insignifiante au milieu d'autres fleurs, tient un rang distingué par son beau port au milieu d'un gazon.

Le Maïs avec son feuillage glauque, ses hautes panicules et ses feuilles réfléchies, rappelle les Bambous des tropiques, et sert de centre à des couronnes d'Amaranthes alternativement rouges et vertes, dont les épis penchés s'inclinent jusque sur la prairie.

Le *Polygonum orientale*, à longs pédoncules fléchis, laisse pendre ses châtons rouges ou blancs au-dessus d'une pelouse couverte de Paquerettes et bordée de petits Bengales carminés.

Sur d'autres gazons, ce sont de nouvelles harmonies; des supports cachés élèvent alternativement des Capucines et des Ipomées, et la répétition prolongée des mêmes plantes et des mêmes couleurs produit sur l'œil une impression qu'il ne peut comprendre sans l'avoir vue.

La Rhubarbe, dont les volumineux bourgeons offrent, au printemps, la nuance si pure du rose et du violet, est disséminée sur toutes les pelouses pour faire contraste avec le vert. Plus tard, son feuillage ondulé, ses tiges fleuries et ses fruits purpurins offrent encore des scènes différentes selon les saisons.

On trouve, sur quelques points du Thiergarten, des massifs dont les effets ont été calculés sur la couleur naturelle du feuillage ou sur la teinte présumée qu'il doit prendre à l'automne. Ainsi, le Peuplier blanc contraste avec le Hêtre dont les feuilles jaunissent, avec les Cerisiers et les Sumacs qui deviennent d'un rouge éclatant, avec les Viornes qui brunissent ou se panachent; puis on voit à leur pied, les longues feuilles glauques de l'Artichaut et les feuilles à réseau rouge, orange ou violet, de certaines variétés de la Bette ordinaire.

Quelques massifs d'hiver sont formés d'arbres à fruits persistants, entremêlés de ces Cornouillers dont les branches ressemblent, pendant les grands froids, à des rameaux de corail. Presque tous les arbres du nord sont réunis et respectés dans ce beau parc de Thiergarten. Les Chênes y dominent, les Hêtres y sont communs, les Aulnes y atteignent d'énormes proportions, les Bouleaux s'y reconnaissent à la blancheur de leur écorce, les Charmes, les Erables, les Saules pleureurs sont entremêlés de Pins et de Sapins, de Peupliers, de Platanes, de Gleditzia, d'Aylantes, et de tout ce qui peut supporter les longs hivers du nord de la Prusse.

Les mêmes décorations des jardins, et plus de goût encore dans l'association ornementale des végétaux, se retrouvent à Postdam dans les jardins du roi.

Il est vrai que le sol, le site et les eaux prêtent leur concours à l'embellissement de cette localité.

Située à environ 30 kilomètres de Berlin, cette ville s'élève entre les deux lacs de Schwielow et de Weise, au confluent de la Nuthe et du Havel, dans une île de 18 kilomètres de tour. Les jardins de Sans-Souci et ceux qui entourent le palais neuf sont dignes de toute l'attention des horticulteurs.

Dans ces derniers, de nombreux Azeroliers couverts de fruits, des Fusains garnis de leurs capsules à tunique rose et orangée, des *Berberis* dont les rameaux fléchissaient sous le poids de leurs grappes rouges et charnues, formaient sur les gazons des massifs ou des avenues. Des *Pelargonium zonale* tracent autour de ces arbres des bordures ou des guirlandes, et le *Sedum Sieboldii* couvre de larges espaces de ses corolles lilacées et de ses feuilles succulentes. La Vigne est souvent employée comme plante d'ornement, et c'est surtout la variété à larges feuilles que l'on plante au pied des arbres. On la conduit en longs festons dans les avenues, lui faisant jouer le rôle de ces lianes américaines qui enchaînent les arbres dans les forêts du Nouveau-Monde.

Souvent on construit en treillage de vastes promenades couvertes de pampre, et l'on s'égare sous des labyrinthes ombragés, où l'on a mélangé avec art des raisins noirs et blancs, rouges ou verts, qui mûrissent rarement, mais qui offrent, jusqu'aux premières gelées de l'automne, le spectacle d'une vendange pendante sous le 52e degré de latitude.

Diverses espèces de la famille des Cucurbitacées sont aussi employées, comme la Vigne, à couvrir de grands échafaudages en bois. Bientôt les supports disparaissent sous les larges feuilles des *Cucumis* et des *Lagenaria*. Leurs fleurs jaunes et blanches s'y épanouissent, et, pendant tout l'automne, c'est un bien curieux spectacle de voir suspendues sur sa tête ces Courges si variées dans leur forme, que nos expositions nous ont souvent montrées comme des curiosités ou comme des aliments. Ces berceaux offrent une parodie de la fable de Lafontaine, où il est facile de reconnaître l'œuvre de l'homme, et non celle de la nature. Toutefois, Dieu a si bien suspendu ces fruits, que l'horticulteur peut en toute sécurité s'endormir sous ce singulier ombrage, sans craindre la morale de la fable.

Les plantes les plus ordinaires sont employées avec succès pour l'ornementation dans un pays où l'hiver se prolonge et où l'on ne veut laisser passer aucun des beaux jours sans jouir de la végétation. Ainsi, les *Hortensia* sont cultivés partout à profusion; on s'en sert pour cacher les caisses des Orangers ; on les mêle à tous les massifs , et le 1er octobre, ils étaient encore en fleur. Le Roseau commun ou *Phragmites* forme des groupes plantés le long des fossés, avec le *Calamagrostis colorata*, et le vent du nord, précurseur des neiges , vient encore balancer leurs panicules fleuries.

Au milieu de ces jardins du Palais-Neuf , se trouve une charmante retraite qui rappelle l'Italie sous le ciel nuageux du Brandebourg. Ce sont les bains du roi, copiés sur ceux de Pompéii, où l'on a réuni quelques-unes des richesses extraites de la ville romaine.

Des fresques placées sur plusieurs points du monument, sur les parois des salles et des vestibules, rappellent, par le style , celles qui sont si fréquentes dans la ville de Pompée.

Une baignoire taillée dans un seul bloc de Jaspe vert de Sibérie occupe le milieu d'une des salles. Elle a coûté, dit-on, 500,000 fr. C'est un cadeau de l'empereur de Russie.

A côté est le bain du roi , piscine demi-circulaire où l'on descend par des degrés en marbre , et autour de laquelle croissent en abondance diverses Fougères exotiques dont le léger feuillage est relevé par quelques fleurs de Fuchsia.

Un portique orné de colonnes sépare le bain du *Viridarium*, jardin semblable à ceux que les Romains possédaient à Pompeïi. C'est un espace très-resserré entre des murailles, ou plutôt c'est un appartement découvert et tendu en verdure.

Les murs sont tapissés de Lierres et de *Cissus* qui montent et se rabattent sur un léger treillis en fil de fer imperceptible. Le sol est un gazon très-fin, souvent renouvelé, garni de mousse d'un vert éclatant. Il est difficile de se faire une idée de la beauté et de la fraîcheur d'un lieu ainsi décoré, quand des Fuchsia et quelques Groseillers sanguins se mêlent aux branches du Lierre ; quand les feuilles rougies de la Vigne vierge y descendent en festons pourprés, et que les *Begonia discolor* et *manicata* épanouissent leurs fleurs roses sur ces draperies naturelles. La simple Paquerette n'y est admise qu'après avoir acquis, dans les jardins, la livrée pourpre qui l'ennoblit, et l'*Hortensia* vient ajouter ses teintes délicates au contraste harmonieux des deux couleurs complémentaires.

Le palais de Sans-Souci est un bâtiment d'un seul étage, avec un pavillon à chacune de ses extrémités. Il est placé sur une hauteur, et ses jardins sont étagés. De majestueux jets d'eau s'élancent à une grande hauteur au milieu de Mélèzes et de vieux Chênes américains. Des massifs de Rosiers et des *Rosarium* très-étendus occupent une place distinguée dans les jardins du roi.

Les arbres sont rarement nus : des Vignes, des *Cissus*, des Aristoloches, des Clématites s'entortillent autour de leurs troncs.

Dans le haut du jardin, cinq terrasses très-étendues supportent des parterres, et couvrent de vastes serres où les arbres fruitiers sont abrités sous des châssis, et où les Pêches, les Raisins et les Abricots mûrissent malgré la latitude.

Le devant des serres est occupé par de longues plates-bandes où l'on cultive des légumes et des Fraises, mais de larges zônes de gazons les cachent et les font rentrer dans le plan général du jardin. Les Orangers sont nombreux, très-forts et couverts de fruits.

On remarque encore, dans ce jardin, de beaux groupes de Lilas, de *Staphylea* et de Genevriers, des Hêtres magnifiques, et de curieux labyrinthes de Buis taillés, avec des Rosiers du Bengale et des gazons au milieu desquels sont des massifs de Lauriers cerise.

Enfin, près de la grotte de Neptune, on emploie le *Tussilago petasites* pour former des massifs aquatiques, ombragés par des Tulipiers.

Le jardin de botanique de Berlin est dans le faubourg de Stralaw. Il contient un très-grand nombre d'espèces qui s'y trouvent très-resserrées. Ses serres, quoique nombreuses, sont insuffisantes. Elles renferment de vieux Palmiers et le plus grand Cocotier qui existe en Europe, un énorme *Pandanus* et la plus belle collection connue de Fougères exotiques.

On peut dire qu'il n'y a pas de maisons sans fleurs à Berlin. Les doubles croisées destinées à garantir les appartements du froid, sont autant de serres où l'on abrite des fleurs qui servent à la fois à l'ornement des rues et de l'intérieur des maisons. Une foule de paniers, de plateaux, de petits culs-de-lampe y sont suspendus, chargés de plantes en miniature ou de bouquets constamment renouvelés. Des fleurs sont placées dans les escaliers, sur les tables, sur tous les meubles des chambres habitées, tantôt végétant dans des vases, d'autres fois coupées et arrangées avec art dans des assiettes et de grands plats de porcelaine, où la mousse vient relever leur éclat. Les lustres des salons sont garnis de bouquets naturels ou artificiels, principalement formés de guirlandes de Roses dont la lumière vient aviver la couleur. Les balcons sont munis de supports pour les pots, et les étagères placées dans les chambres sont couvertes de petites plantes grasses plantées dans des pots de porcelaine.

On vend, du reste, ces miniatures d'intérieur à très-bas prix dans les rues de Berlin. Le Réséda, les *Sedum* les plus ordinaires, les Violettes et les Basilics y sont exposés près des fruits de l'automne, et dans un pays d'où la Vigne est exclue, on est surpris d'acheter un Ananas pour 3 fr., et de voir ces fruits aristocratiques dominer des corbeilles de Pommes et de Raisins verts.

Les plantes sont les pénates de la maison; si on la quitte, on les emporte avec soin, et les voitures de déménagement, qui, à chaque terme, parcourent les rues comme à Paris, sont munies sur le devant d'une planche destinée à recevoir le jardin mobile du locataire.

Partout on voit des Lierres en pots qui tapissent l'intérieur des croisées, qui retombent en lanières flottantes ou qui s'arrondissent en couronnes.

Il n'est pas jusqu'aux simples cabarets qui n'aient remplacé le buisson desséché de leur enseigne par une couronne de Dahlias ou d'Immortelles, ou par une élégante grappe de Raisins bleus relevés de feuilles d'or. Quant à ces jardins d'hiver dont nos journaux ont exalté le mérite pour stimuler notre zèle, ce sont des cafés, des guinguettes, et pire encore, où l'on réunit, pendant la mauvaise saison, un public aussi mêlé que les fleurs de toute nature qui font la décoration de la salle.

HAMBOURG ET LE DANEMARCK.

Nous étions au 6 octobre, et déjà la gelée venait d'enlever la verdure à ces promenades si variées, à ces jardins si bien tenus de cette partie de la Prusse. J'avais encore à visiter Hambourg et le Holstein, je partis immédiatement.

Entre Hambourg et Berlin, le sol est entièrement sablonneux ; çà et là, on voit quelques collines formées de cailloux roulés, et sur lesquelles on a construit des moulins à vent. Des blocs de rochers assez nombreux y sont aussi disséminés ; on les brise pour les constructions. Quelques-uns appartiennent à la Bohême, comme ceux de basalte qui sont les plus rares ; d'autres proviennent de la chaîne scandinave, et ont traversé la Baltique. Presque tous sont roulés ; il y en a cependant d'anguleux. Les sables deviennent surtout plus puissants à mesure que l'on approche des bords de l'Elbe. Ce fleuve a laissé d'immenses atterrissements sur son ancien parcours. Sur plusieurs points, la terre est recouverte de tourbe, et de nombreux marais existent dans toutes les dépressions. Le paysage offre cependant quelques bouquets de Hêtres, de Chênes, de Bouleaux et de Pins, puis de vastes pelouses couvertes de bestiaux, plaines qui, par leur étendue et leur monotonie, préludent déjà aux steppes de la Russie.

Dans le Mecklembourg, les troupeaux sont encore plus nombreux, et les terres sont labourées par de grands chevaux de carrosse.

Les maisons sont en brique, entourées de jardins potagers où les légumes sont représentés par de nombreuses variétés de Choux. On rencontre aussi, dans cette contrée, de grandes terres bien cultivées où le blé, semé de très-bonne heure, avait déjà pris beaucoup de développement. Malgré les 300 kilomètres qui séparent Berlin de Hambourg, on fait le trajet en 8 heures, et j'arrivai dans cette ville avec une pluie battante. Ces pluies étaient tellement fréquentes dans le nord de l'Europe, que toutes les rivières étaient débordées, et tandis que la France manquait d'eau, les nuages venaient tous se condenser sur des points plus refroidis, et donnaient lieu à des répartitions très-inégales.

Hambourg, complétement relevé de son affreux incendie, est maintenant une des belles villes de l'Europe, et peut rivaliser, par ses places et ses quartiers neufs, avec Berlin et Milan. C'est, après Londres et Amsterdam, la ville la plus commerçante de l'Europe ; et malgré la distance de 300 lieues qui la sépare de Paris, c'était, en 1810, le chef-lieu du département des Bouches-de-l'Elbe. Sa population était alors de 107,000 habitants. Les pertes que les Français firent supporter à Hambourg en 1813 ont été évaluées à 100 millions, et, de plus, les besoins de l'armée exigèrent l'emploi de 7,500,000 marcs qui appartenaient à la banque de cette ville. Comme en 1816, le gouvernement français se reconnut pour cette raison débiteur de 10,000,000 de francs envers Hambourg ; ceci explique l'inscription de 500,000 fr. de rente inscrite au grand livre à son profit. Sa population est maintenant de 130,000 âmes.

Malgré cette faible restitution, les Français ne sont pas aimés à Hambourg ; et si leur générosité a pu lutter un instant contre l'antipathie de son aristocratique bourgeoisie, la reconnaissance s'est évanouie comme les flammes de l'incendie dont le vent chassait les tourbillons.

De vieilles maisons en brique et en bois ayant pignon sur rue, existent encore dans les quartiers épargnés par le feu. Ailleurs, ce sont des habitations somptueusement décorées avec tout le luxe d'une grande et riche cité. Le confortable anglais, la propreté de la Hollande, la consommation allemande, les mœurs faciles de l'Italie, tout est réuni dans cette vaste auberge européenne, où chaque étranger doit payer son écot. Ville de trafic et d'escompte, le calendrier n'y sert que pour calculer les échéances, la cour est remplacée par la Bourse ; l'esprit par la richesse, l'honneur et la considération par la valeur commerciale.

Indépendamment de l'Elbe qui porte la vie à Hambourg, la ville reçoit encore du Holstein une petite rivière nommée *Alster*. Des jardins parfaitement entretenus et tout à fait semblables à ceux de Berlin, servent de promenades publiques sur ses rives. La rivière s'élargit ensuite au-dessous de la ville, puis elle y entre pour y former un grand lac où les vaisseaux ne pénètrent pas. Mais, en été, cette magnifique pièce d'eau, entourée de trois côtés par les plus belles habitations de Hambourg, et de l'autre, par des fleurs et des gazons; éclairée par trois lignes de candélabres d'où s'échappe le gaz enflammé qui se réfléchit à la surface du bassin; étonne l'étranger qui, pour la première fois, contemple ce spectacle. De nombreuses gondoles, plus légères que celles de Venise, sillonnent en tous sens cette nappe onduleuse, où tous les états de l'Europe ont souvent ensemble des représentants.

Un boulevard peu étendu sépare Hambourg d'Altona, ville danoise très-commerçante, et qui arme tous les ans un grand nombre de navires pour la pêche du hareng et de la baleine. C'est, après Copenhague, la plus grande cité du Danemarck. Ses environs sont couverts de prairies; mais en pénétrant dans le Holstein, on traverse des terrains sablonneux et presque arides, sur lesquels fleurissaient en abondance diverses Bruyères, telles que la *Cinerea*, la *Tetralix* et le *Calluna vulgaris*. De grands espaces sont couverts de tourbe, et les points les plus bas du sol sont occupés par des étangs qui étaient animés par des bandes d'oiseaux aquatiques.

En approchant de Kiel, le paysage devient plus riant; on voit des forêts, des maisons, des terres mieux cultivées, et l'on aperçoit la ville bâtie sur une langue de terre à l'extrémité d'un golfe de la Baltique. Il entre annuellement plus de 500 navires dans son port. C'est une ville de commerce et de science, car Kiel a une Université qui compte 25 professeurs et près de 300 étudiants; sa bibliothèque possède 60,000 volumes, et la ville peut encore s'enorgueillir de nombreux établissements d'instruction et de bienfaisance.

Quoique située au-delà du 54e degré de latitude, Kiel est entourée de charmantes campagnes, et nulle part peut-être la coquetterie des jardins n'est poussée aussi loin.

Dans les rues, entre les doubles croisées, on voit les plantes les plus nouvelles, nos derniers gains en *Fuchsia*, les *Gloxinia* les plus récemment obtenus, les *Sedum* suspendus dans des corbeilles ornées, et partout, comme à Berlin, le Lierre, parure des longs hivers du nord, qui trouve, comme l'oiseau des forêts, asile et protection dans la chaumière et dans les palais.

On n'est pas encore sorti de la ville, que l'on entre dans de spacieux jardins, où l'horticulteur a su réunir toutes les espèces capables de résister au climat.

Les Saules pleureurs laissent descendre leurs flexibles rameaux sur les pelouses les plus vertes que la nature puisse offrir ; le Peuplier dresse les siens vers le ciel, tandis que le Hêtre s'étale et protège de son ombre de larges massifs de Rosiers du Bengale.

Les Tilleuls et les Frênes forment des groupes détachés à travers lesquels on aperçoit les mâts et les banderolles de nombreux navires dont le vent fait flotter les couleurs. Sur les gazons, se dessinent les lignes gracieusement ondulées des *Geranium* rouges, des *Tagètes* orangés, tandis que, dans les haies, fleurissent encore, à la fin de l'automne, la Clématite et le Liseron grimpant.

Les arbrisseaux chargés de leurs fruits forment des bosquets d'hiver, où l'on voit deux espèces de Sureaux marier leurs grappes rouges et noires, où le Fusain, la Viorne, le Troëne et les *Cratægus* présentent leurs baies réunies en bouquets ou en thyrses mêlés aux rameaux des arbres verts et aux perles blanches du *Simphoricarpos*.

La couleur même du sol, en Danemarck, est prise en considération dans l'ordonnance d'un jardin. Des terrains naturellement rouges sont plantés d'arbrisseaux d'un beau vert ; des sables jaunes, noirs ou blancs, faciles à rencontrer dans les alluvions dont le sol est formé, signalent des allées gracieusement sinueuses, où l'opposition des couleurs produit parfois la bizarrerie, mais quelquefois aussi des effets qui tiennent de la magie, et vous transportent dans un monde idéal.

Quand on est au-delà des jardins de Kiel, on entre dans un bois de Hêtre qui semble encore en faire partie : c'est un parc ombragé où le silence n'est interrompu que par les flots de la Baltique qui viennent s'éteindre sur des falaises adoucies.

Plus loin, les arbres verts paraissent et occupent le sommet des collines ; mais dans ces bois sauvages, où l'art n'est pas venu seconder la nature, n'est-ce pas encore un parterre qui va s'offrir à nos yeux ? Les brumes de l'automne avaient déjà paru, et avec elles le sol de ces forêts s'était couvert de sa dernière parure.

Les Cladonies rameuses s'y étendaient en gazons blancs et feutrés, sur le bord desquels on voyait paraître les tubercules écarlates des *Cenomice;* des tapis cendrés se couvraient des boutons roses du *Bœomices* des landes, et les touffes d'un vert d'émeraude produites par les *Dicranum* et d'autres mousses, s'y distribuaient en groupes inégaux, dont un coup d'œil pouvait saisir tous les rapports.

Là, comme une haute futaie, au-delà de ces plantes en miniature, les Agarics étendaient leurs parassols. Les uns, tels que le *Muscarius,* rouges et étalés comme de larges Pivoines, étaient couverts de marbrures blanches ou chamois; d'autres ressemblaient à des masses d'ivoire. Les Clavaires y croissaient en touffes jaunes ou améthystes; la Mérule orangée ouvrait ses entonnoirs, et les Pezizes coccinées ou couleur de feu laissaient enlever, par le vent de l'hiver, des nuages de sporules qui assuraient leur future reproduction.

Mais je ne finirais pas si je voulais vous décrire les associations et les harmonies de la nature; je m'arrête avec le regret de n'avoir pu traverser la Baltique, de n'avoir pu admirer les nombreux îlots verdoyants qui se développent devant Christiana, et cette chaîne scandinave qui a si puissamment contribué au relief de la majeure partie de l'Europe.

Mon retour ne fut qu'une course rapide sur les chemins de fer du Danemarck, du Hanovre, de la Prusse et de la Belgique. Quatre jours après mon départ de Kiel, j'étais à Paris, bien persuadé que nos institutions, nos mœurs, nos usages et nos établissements, excepté nos jardins, sont préférables à ceux des étrangers.

LE JARDIN D'HIVER DE PARIS.

Permettez-moi cependant, Messieurs, puisque je viens d'une manière indirecte de critiquer nos jardins, de terminer ces notes, déjà bien longues, par quelques mots de réhabilitation horticole ; ils s'appliqueront au jardin d'hiver de Paris.

Je ne pouvais traverser cette ville sans m'arrêter un instant aux Champs-Elysées, et sans entrer sous une immense coupole vitrée que l'on y construit pour abriter des fleurs.

Ce dôme est plus qu'un château, c'est un palais, un palais enchanté, c'est un temple à la nature, comme le dôme de Milan en est un pour la divinité. Mais est-il rien qui rappelle le Créateur comme ces merveilles fleuries qu'il a semées sur la terre, et peut-il y avoir hommage plus pur et plus naïf que la contemplation respectueuse de ces chefs-d'œuvre recueillis sous tous les climats et rassemblés en un seul autel ?

Telle fut ma première impression en entrant dans cette enceinte longue de 100 mètres, ornée d'une coupole élevée de plus de 20 mètres, où le fer s'est raidi pour soutenir un dôme, s'est plié comme des lianes pour former les cintres et les arceaux, et s'est engencé pour produire un réseau léger dont les mailles sont fermées par des vitres transparentes.

La vapeur, cette force que l'homme a su prendre encore à la nature, doit agir ici comme dans notre atmosphère ; elle est chargée d'élever des eaux, de les répandre en cascades, en ruisseaux, d'animer cet imposant tableau, dont les détails ont été pris partout et dont l'ensemble n'existera nulle part.

Je ne puis anticiper sur un chef-d'œuvre dont je n'ai vu que le cadre ; M. Cousin, directeur de ce vaste établissement, soutenu par des connaissances positives et des commanditaires éclairés, saura joindre à l'éclat de cette magnifique création des conditions d'existence et de durée. Bien comprise, cette institution nouvelle doit devenir le centre des relations horticoles de Paris. Producteurs et consommateurs devront trouver avantage à se grouper autour d'un établissement qui ne peut se maintenir qu'en prenant sincèrement les intérêts de tous.

Clermont-Ferrand, typ. de Pérol.